訂做情人便當

—愛情御便當的50x70種創意—

林美慧　著

朱雀文化

為情人準備愛情御便當

我從小就熱愛美食,更喜歡和家人、朋友分享美味的料理,因為我覺得分享美食無論在精神上或物質上,都是一種全然的幸福與滿足,所以洗手做羹湯已成為我日常不可或缺的生活樂趣。尤其跟大多數要求速度、效率的現代人所不同的是,我特別喜歡準備便當。對我而言,無論是為心愛的人或自己準備一個可口的便當,不單單只是一件家務事,更是一件浪漫的事,也代表著我對舊日美好時光的緬懷。

在日本,幾乎每個女生從國中開始,就會做便當了,因為這些情竇初開的小女生,很流行做便當給喜歡的男生吃,這種便當甚至還有個很可愛的專有名詞,叫「愛情便當」。想想看,當男生從女生手中接過那個色、香、味俱全的便當時,心裡一定非常感動,如果從此展開一場純純之愛,那不是一件很棒的事嗎?

對尚未展開交往的同學、同事來說,給喜歡的人更進一步認識自己的機會,創造一座「機會之橋」,正是「愛情便當」的魔力所在;而即使是正在熱戀中的情侶,或是兩心相許已久的戀人,一份花了心思,既健康又美味的便當,相信一定能補充你們的愛情能量,讓雙方感情持續升溫,經營出更甜蜜、更溫馨的兩人世界!

在這裡,我為跟我一樣喜愛下廚與分享美食的情人們,設計了五大類好做、好吃又好看的便當;其中「浪漫涼夏」示範了9道適合夏天享用的快手便當;「濃情美味」有18道超人氣好下飯便當;「甜蜜享瘦」設計了8道健康瘦身便當;「兩小無猜」是9道即使小朋友也能上手,同時也愛吃的便當;「鐵道戀曲」則介紹了6道最受歡迎的鐵路飯盒,讀者除可依書中各式菜餚自行搭配,也可利用書末索引靈活組合自己喜歡的便當菜喔!

來,試試看你(妳)的愛情能量有多少,為你(妳)的她(他)訂做一個好吃的「情人便當」吧!在美食的世界中,浪漫一生又何妨?

林美慧

CONTENTS

目錄

浪漫涼食

濃情美味

甜蜜享瘦

兩小無猜

鐵道戀曲

訂做好看又好吃的愛情便當

好 不容易做好了愛情餐盒，想讓他（她）感受到妳（你）的濃情蜜意嗎？雖然只是一個小小的餐盒，也要做到色、香、味俱全喔！接下來，要為大家介紹適合做便當的食材，以及製作美味便當的重點，幫助你輕鬆掌握另一半的脾胃，緊緊拴住他（她）的心！

輕鬆選對好食材

走一趟市場，琳瑯滿目的食材讓人不知從何選起，尤其是製作便當，更需要花一點心思挑食材。哪些適合用來製作便當菜呢？

1. **主食類**：市售食米可分糙米、胚芽米和白米，如果講究口感，可選白米；如果注重營養，則建議多吃糙米飯或胚芽米飯。好米要粒型均一、飽滿、透明度高，而且完整有光澤。買米時不妨選品質符合衛生安全標準及CNS的高品質優良米，可煮出香Q可口的米飯，如池上米，無論熱食或冷食口感都不錯。

2. **蔬菜類**：最好選擇蒸煮後比較不會變色、變味的蔬菜，如高麗菜、大白菜、青江菜、雪裡紅、韭菜、芥藍菜、花椰菜、洋蔥、馬鈴薯、茄子、西洋芹、綠豆芽、黃豆芽、四季豆、粉豆、甜豆、玉米粒、茭白筍等。

3. **豆製品**：包括豆乾、乾絲、油豆腐、百頁、豆包、豆腸、豆皮等。

4. **海帶類**：包括海帶結、海帶絲、海帶根等。

5. **其　他**：包括滷蛋、鹹蛋、甜不辣、黑輪、小魚乾、小卷、蝦卷、雞卷、香腸、醬菜等現成的小菜。

聰明準備便當菜

吃便當最怕食物走味，以下將告訴你（妳）幾個小技巧，讓你（妳）用便當傳情的心意不打折！

烹調及配菜技巧

1. 如果吃便當前會再加熱，那麼烹調時只要炒個七、八分熟即可，以免食物軟爛走味。
2. 菜色要常換，可先分別擬出數種主食、主菜、配菜，再靈活組合、互相搭配。
3. 可花點巧思利用回鍋菜，但不要常以隔夜的剩飯剩菜直接製作便當，以免倒胃口。
4. 盡量選擇湯汁少的菜餚，以免影響主食及其他菜餚的風味，攜帶也方便。
5. 盛入便當盒時，要注意配色和排列方式，讓便當看起來賞心悅目。

容器運用

1. 視對方的食量大小，挑選適合的便當盒，太大或太小都不恰當。
2. 便當盒製作日益精美，不妨依預算選購兩至三個漂亮的便當盒，不但有助於增加用餐情趣、促進食欲，也方便隔天替換。
3. 醬菜、涼拌菜、蘸醬等不一定要加熱，不妨另用小保鮮盒盛裝。
4. 有些便當盒可分格盛放飯菜，雖然單價比較高，但卻是讓食物不走味的好選擇喔！

保存方法

1. 避免選用容易腐敗、變味的食材，如豆腐、魚、蝦等海鮮。
2. 燒烤或油炸的食物，可先用錫箔紙包好再放進便當盒裡，以保鮮美滋味。
3. 熱食盛入便當盒後，最好等放涼再闔蓋；冷食、熱食也不要同時裝進便當盒，以免腐壞。

美味便當也要均衡一下

我曾在前一本著作《一條魚》中強調：「吃得好，也要吃得巧」，這個觀念，也可以用於便當的製作上。因為我們在日常生活中，必須從食物中攝取不同營養素，好維持身體器官的運作，因此均衡攝取各類食物，就變得非常重要了，即使便當也不例外。

　　1994年，美國哈佛大學公衛學院設計了一個「健康飲食金字塔」，將食物區分為六大類（在台灣則將這六大類食物製作成梅花型的每日飲食指南），包括五穀根莖類、蔬菜類、水果類、奶類、蛋豆魚肉類，以及油脂類，每類食物所佔比例依營養素及熱量多寡而有不同，它的第一層，也就是最下層是「**五穀根莖類**」，第二層分別是「**蔬菜類**」和「**水果類**」，第三層是「**魚肉蛋豆類**」和「**奶類**」，最頂端則是「**油脂類**」。

　　每種食物每天該攝取多少分量，才算營養均衡呢？請參考六大類食物健康飲食指南：

1　五穀根莖類

　　食物種類包括米飯、麵食、麵包等，含醣類、蛋白質等營養素，建議每人每天攝取量為3～6碗（每碗約200公克）。

2　蔬菜類

　　食物種類包括菠菜、胡蘿蔔等深綠色或深黃色蔬菜，含維生素、礦物質、纖維素等營養素，建議每人每天攝取量為3碟（每碟約100公克）。

3　水果類

　　食物種類包括各種季節水果，含維生素、礦物質、纖維素等營養素，建議每人每天攝取量為2個（每個約100公克）。

4　魚肉蛋豆類

　　食物種類包括雞蛋、豆製品、魚類、肉類等，含蛋白質等營養素，建議每人每天攝取

量為魚類、肉類4份（每份約30公克），或蛋1個，或豆腐1塊（每份約100公克），豆漿1杯（每杯約240c.c.）也可以。

⑤ 奶類

食物種類包括牛奶、發酵乳、乳酪等，含鈣質、蛋白質等營養素，建議每人每天攝取量為牛奶1杯（每杯約240c.c.），或發酵乳1杯（每杯約240c.c.），或乳酪1片（每片約30公克）。

⑥ 油脂類

食物種類包括烹調用植物油、堅果等，含脂肪等營養素，建議每人每天攝取量為2～3湯匙（每湯匙約15公克）。

※以上資料來源：行政院衛生署「每日飲食指南建議」。

在運用上述資料製作便當時，要注意的是，因為每個人活動量和體型並不一樣，所以建議大家應該視個人需求增減主食分量，也就是五穀根莖類的攝取。另外，也要留意以下幾個重點：

① 盡量選擇各類食物，別讓心儀的另一半偏食喔！

② 最好選擇橄欖油等植物性油脂做為烹調用油。

③ 昂貴食材不一定代表營養價值高，不妨多選用本地、當季的食材，不但新鮮營養，而且更經濟！

如果為另一半製作便當時，能注意這些細節，要做出既美味，又營養均衡的健康便當，那就一點也不難囉！

浪漫涼食

―9道好簡單快手便當

喜歡和你坐在樹蔭下分享Lunch Box，
樹上的蟬鳴、天空的顏色，
告訴我夏天到來的訊息。
而分享的甜蜜滋味，
就像屬於我倆的夏日戀情……

小麥胚芽含有豐富
的維生素E，可以促進
皮膚血管的血流暢通、
抗老防衰，親愛的，願
妳永遠美麗！

P.S. I Love U

全麥苜蓿芽卷便當

全麥苜蓿芽卷+白煮蛋+生菜沙拉棒+季節水果

全麥苜蓿芽卷

材料：
全麥餅皮2張、苜蓿芽1碗、西洋芹、紅蘿蔔、蘋果、小黃瓜、小豆苗各適量、小麥胚芽粉1大匙、沙拉醬1大匙

做法：
1. 將材料分成兩份，用全麥餅皮包裹，捲成圓筒狀。
2. 用利刀切成長段，排入便當盒中。

白煮蛋

做法：
雞蛋入冷水中，以中小火煮滾，水開後再煮3分鐘，取出漂涼，剝去外殼，用利刀在中間切鋸齒狀，剝離成兩半。

生菜沙拉棒

西洋芹、紅蘿蔔、小黃瓜各切成條狀。

季節水果

紅、黃小蕃茄各少許。

涼拌蒟蒻絲便當

涼拌蒟蒻絲+鹽水雞+涼拌百香果冬瓜

涼拌蒟蒻絲

材料：蒟蒻絲1包、紅蘿蔔絲、小黃瓜各2大匙

調味：鹽1/2小匙、糖1大匙、白醋2大匙、香油1大匙

做法：1.蒟蒻絲洗淨，入滾水中汆燙2分鐘，撈出瀝乾水分。
2.容器內放入蒟蒻絲、紅蘿蔔絲、小黃瓜絲、調味料混合拌勻。

鹽水雞

材料：
半土雞1隻，陳皮、桂皮、八角一共20元

調味：
鹽3大匙、胡椒粉1大匙

做法：
1.雞處理乾淨，以鹽、胡椒塗抹全身，醃6小時。
2.鍋中水燒開（蓋過材料）放入陳皮、桂皮、八角、鹽3大匙及醃入味的雞再煮開，改成中火，煮35分鐘。
3.取出放涼剁塊。

涼拌百香果冬瓜

材料：
冬瓜600公克（約1斤）、百香果濃縮果汁1/2杯

調味：
鹽1小匙、冰糖1大匙、話梅3顆

做法：
1.冬瓜去皮去籽，削去內囊，切成長條狀。
2.將冬瓜條入滾水中汆燙一下，立刻取出瀝乾水分。
3.冬瓜條、百香果汁、話梅、鹽、冰糖混合拌勻，放入冰箱浸泡一夜。

鹽水鴨的做法跟
鹽水雞一樣，無論是
冷盤、下飯帶便當都
很適合喔！
P.S. I Love U

涼麵要好吃，麵條一定要夠Q，當然，醬料也很重要。我做的涼麵便當絕對經得起考驗，就像我對妳的愛一樣……

^_^

P.S. I Love U

涼麵便當

涼麵+鹽水牛肉+涼拌菜豆

涼麵

材料：

細涼麵條187.5公克（約5兩）、小黃瓜絲、紅蘿蔔絲各1大匙

醬料：

醬油3大匙、糖1大匙、芝麻醬2大匙、黑醋2大匙、香油2大匙、蒜泥1小匙、冷開水4大匙、花生粉1大匙

做法：

1. 芝麻醬先與冷開水調勻，再加其餘各料充分混合拌勻，即是醬料。
2. 涼麵、小黃瓜絲、紅蘿蔔絲混合，淋入適量醬料。

鹽水牛肉

材料：

牛小花腱600公克（約1斤）

做法：

1. 牛小花腱入滾水中汆燙，洗淨。
2. 將牛腱放入鹽水雞的湯汁中（見P.71），以中小火滷1小時20分，熄火浸泡一夜。
3. 取出切片食用。

涼拌菜豆

材料：

菜豆150公克（約4兩）、紅蘿蔔絲1小匙

調味：

鹽1/2小匙、香油1大匙

做法：

1. 菜豆去頭尾老筋，切成寸段。
2. 鍋中水燒開，入菜豆煮2分鐘，撈出瀝乾，加入調味料拌勻。

洋蔥所含的黃酮類
物質，可以預防動脈硬
化，而它表皮的蔥蒜辣素
則有殺菌抗癌作用，是全
世界最營養的食物喔！

P.S. I Love U

洋蔥醬生菜便當

洋蔥醬生菜+蒸芋仔蕃薯

洋蔥醬

材料：
洋蔥2個、熟白芝麻1小匙
調味：
日式醬油露3/4杯、橄欖油1/2杯、白醋
1/2杯、細白糖3大匙、鹽1小匙、味醂
1/2杯
做法：
1.洋蔥剝去外膜，切成細絲，置放15分
  （使其美味的酵素溢出）。
2.調味料混合與洋蔥絲拌勻，裝入保鮮
  盒中，冷藏一夜即是洋蔥醬。

生菜

材料：
小黃瓜片、蕃茄片、紅
蘿蔔絲、生洋蔥絲、白
煮蛋片、蘿蔓各適量。

蒸芋仔蕃薯1小條

蒸好後切成小塊。

星座愛之味

金牛座情人

生　　　日：4月20日～5月20日
星座屬性：土象
性格字彙：我有
優　　　點：踏實、值得信賴、有藝術氣息
缺　　　點：倔強、慢半拍、物質主義、缺乏安
　　　　　　全感
幸運食物：海帶、沙丁魚、鮮冬菇
　　　是美食愛好者，不肥也難，別讓金牛座情
人吃太多巧克力、沙拉醬，而且三餐要定時定
量，避免吃宵夜、點心，總之，避開有美食的
地方就對啦！

P.S. I Love U

使用中的壽司醋飯
要用乾淨的濕布、紗布或
毛巾覆蓋，這樣才能保持飯
的溫度與濕度，避免飯粒變乾
而無法捏製飯糰和壽司。別
忘了，我們的愛情也要常
常保濕喔！
P.S. I Love U

稻禾壽司便當

稻禾壽司+炸豬排+熱狗花+季節水果

稻禾壽司

材料：
滷好三角形豆皮半包、浦島海苔1大
匙、米飯2碗

調味：
白醋4大匙、細白糖2大匙、黑芝麻1大匙

做法：
1. 米飯趁熱加入調味料拌勻，放涼，即
   為壽司飯。
2. 取適量壽司飯包入豆皮中，上撒少許
   浦島海苔。

炸豬排

材料：
大里肌2片、麵包粉4大匙、麵粉2大
匙、蛋1個

調味：
醬油4大匙、糖1大匙、酒2大匙

做法：
1. 大里肌用肉錘略為拍鬆，加入調味料
   拌醃入味。
2. 取出大里肌，先沾上麵粉、蛋汁、麵
   包粉，用手壓緊，入油鍋中以180℃
   炸至金黃，取出切片。

熱狗花

熱狗對切兩段，然後用
尖刀在頂端切十字刀口
至1/3處，入油鍋中炸2
分鐘。

季節水果

紅色小蕃茄少許。

P.S. I Love U

紫菜含礦物質、蛋
白質及維他命A、B、
C，是美味的健康食品，
多吃紫菜可以預防高血
壓及動脈硬化喔！

P.S. I Love U

海苔壽司便當

海苔壽司+培根熱狗捲+燙甜豆+季節水果

海苔壽司

材料：
海苔2張、壽司飯2碗、蛋皮2長條、小
黃瓜2長條、紅蘿蔔2長條、肉鬆4大
匙、竹簾1個

做法：
1. 小黃瓜用少許鹽醃軟化。
2. 紅蘿蔔入滾水中略煮軟。
3. 竹簾攤開，鋪上海苔，放入一碗壽司
   飯攤平至4/5處，中間放入肉鬆、蛋
   皮、小黃瓜、紅蘿蔔、手握竹簾，捲
   起一端，將米飯緊實捲成圓筒狀，縫
   口處以米飯沾黏。
4. 以利刀將壽司切成片狀。

培根熱狗卷

材料：
培根2片、熱狗1根（切兩半）、牙籤2支
做法：
1. 取培根包捲熱狗成圓筒狀，用牙籤
   叉住。
2. 將培根熱狗卷放入七分熱油鍋中炸至
   金黃。

燙甜豆

甜豆75公克（約2兩），
去老筋，放入滾鹽水中
汆燙一下即可。

季節水果

柳橙少許。

星座愛之味
雙子座情人

生　　日：5月21日～6月21日
星座屬性：風象
性格字彙：我變
優　　點：反應快、好奇心強、聰明博學
缺　　點：缺乏耐性、具雙重性格
幸運食物：乾果、起司、魚類、動物肝臟
　　　勇於嘗試新奇美食，偏偏無法專心，可能
嘗試過各種減肥方式，但都無法貫徹到底。建
議不妨採交替式運動法，持續採行不同運動方
式減肥，並把咀嚼放慢，就會有好成績囉！

烤飯糰便當

烤鮭魚飯糰+香腸球+季節水果

鮭魚含豐富β—3脂肪酸，可以降低血液中的膽固醇、高血壓，以及增強記憶力，是美食料理不可或缺的食材。吃著你為我做的烤鮭魚飯糰，好幸福……

P.S. I Love U

香腸球

香腸球3顆入油鍋中以160℃炸約4分鐘。

季節水果

紅蕃茄、葡萄各少許

烤鮭魚飯糰

材料：
米飯11/2碗、鮭魚罐頭3小匙、日式醬油1大匙
做法：
1.取半碗米飯包入鮭魚，用模型壓出三角狀。
2.上塗少許醬油，入烤箱200℃烤約8分鐘。

星座愛之味
巨蟹座情人

生　　日：6月22日～7月22日
星座屬性：水象
性格字彙：我覺得
優　　點：愛家、具同情心、溫柔感性
缺　　點：情緒化、缺乏安全感、容易耽溺過去
幸運食物：杏仁、牛奶、鰻魚、紫菜、蔬果
　　擁有易胖易瘦的體型，最好少量多餐，每餐飯七分飽就好，除了不要讓巨蟹座情人吃得太鹹、太油膩之外，也最好避免帶他（她）去「吃到飽」餐廳喔！

三色飯糰便當

三色飯糰+炸鑫鑫腸+季節水果

三色飯糰

材料：

米飯2碗、浦島香鬆、海苔粉、肉
鬆各2大匙

做法：

1.米飯用模型壓出小圓球狀。

2.取小圓球飯糰分別沾上浦島香
　鬆、海苔粉、肉鬆。

炸鑫鑫腸

鑫鑫腸用刀劃刀口，入
油鍋中炸至金黃。

季節水果

橘子、紅蕃茄各少許。

吃日式涼麵時，總會
照妳教我的方式做海苔碎
片：把市售片狀海苔放進乾
淨、乾燥的塑膠袋裡，隔著袋子
輕輕揉壓，這樣DIY出來的海苔
碎片既漂亮又不黏手。每當
這時，我總特別想念妳
……
P.S. I Love U

P.S. I Love U

蕃茄所含的茄紅
素，必須透過加熱才能
釋出，所以，我要常常為
妳做茄汁義大利麵、蕃茄
炒蛋、羅宋湯……，
讓妳更健康！
P.S. I Love U

總匯三明治便當

總匯三明治+黃金蛋+可樂餅+季節水果

總匯三明治

材料：
土司4片、起司片1片、蕃茄2片、里肌肉片1片、小黃瓜絲2大匙

做法：
1. 里肌肉加入醬油、糖、太白粉醃過，入平底鍋中小火煎黃。
2. 小黃瓜絲加少許鹽醃軟化，倒去苦水。
3. 土司去四邊，切成兩長方片，分別夾入起司片、蕃茄片、里肌肉片、小黃瓜絲。

黃金蛋

材料：
鴨蛋8個

滷汁：
醬油1杯、水4杯、糖2大匙、蔥1支、薑4片、八角1粒

做法：
1. 滷汁燒煮5分鐘放涼備用。
2. 鍋中水燒開，放入鴨蛋，中火（不蓋鍋蓋）煮5分鐘，熄火，取出漂冷水，趁熱剝去外殼。
3. 將剝去外殼的鴨蛋，入滷汁中浸泡2天，入味即可。（須放入冰箱冷藏）

可樂餅

材料：
洋芋1個、絞肉75公克（約2兩）、洋蔥丁2大匙、麵粉半杯、麵包粉2大匙、蛋1個

調味：
鹽、鰹魚粉各1小匙、咖哩粉1大匙

做法：
1. 洋芋去皮，切片蒸熟壓成泥狀。
2. 鍋中加油2大匙，炒香洋蔥丁，入絞肉炒熟，再放咖哩粉炒香，加鹽、鰹魚粉調味。
3. 洋芋泥與做法2料混合拌勻，即為餡料。
4. 取適量餡料揉圓，再壓成扁圓狀，分別沾上麵粉、蛋汁、麵包粉，入七分熱油鍋中炸至金黃。

季節水果

小白兔蘋果。

濃情美味

―18道超人氣美食便當

愛情學分完全打破「1+1=2」的定律，
即使再用功，也不見得能拿滿分。
何不花些巧思，洗手做羹湯？
且讓我以濃情入菜、蜜意調味，
為你（妳）做個豐盛美味的便當吧！

在韓國好想你……。知道嗎？韓國泡菜分成泡菜類、泡菜塊兒類、醃菜類、鹹菜類、泡蘿蔔類等，細分起來可能超過100多種喔！買包正宗韓國泡菜回去辣辣你……^_^

P.S. I Love U

咖哩雞肉便當

白飯+咖哩雞+豆包炒芹菜+韓國泡菜

咖哩雞

材料：
半土雞腿1支、洋蔥半個、馬鈴薯1個、咖哩粉2大匙

調味：
鹽、鰹魚調味料各1小匙、太白粉1大匙

做法：
1. 雞腿剁成塊狀。洋蔥切片，洋芋去皮，切成滾刀塊。
2. 起油鍋加3大匙油炒香洋蔥，入雞肉炒至顏色轉白，再加入咖哩粉小火炒香。
3. 加入馬鈴薯及水（蓋過材料）煮開，改中小火熬煮至雞肉軟爛（約30分鐘），放入鹽、鰹魚調味料拌勻。
4. 以太白粉水勾芡。

豆包炒芹菜

材料：
炸豆包2片、芹菜150公克（約4兩）、辣椒1支

調味：
鹽1/3小匙、鰹魚調味料1/2小匙

做法：
1. 炸豆包切絲，芹菜切寸段，辣椒斜切片。
2. 起油鍋，入2大匙油炒辣椒、豆包片刻，再放芹菜炒軟，加調味料拌勻。

市售韓國泡菜

可選購市售現成品。

香酥雞腿便當

白飯+香酥雞腿+蒼蠅頭+油燜筍乾

香酥雞腿

材料：
雞小腿2支
調味：
醬油1/2杯、糖2大匙、水2杯、八角1粒
做法：
1.雞腿入調味料中滷25分鐘，放涼。
2.鍋中油八分熱，入滷過的雞腿炸至外
　表金黃。

蒼蠅頭

材料：
絞肉75公克（約2兩）、
韭菜花225公克（約6
兩）、豆豉2大匙、辣椒1
支
做法：
1.韭菜花切去頭部老的
　部位，切成細末。小
　辣椒切成小圈圈狀。
2.起油鍋，加3大匙油，
　炒香辣椒，入絞肉炒
　熟，再放韭菜花拌炒
　片刻，加豆豉燴炒一
　下即可。

油燜筍乾

材料：
筍乾1/2斤、酸菜75公克
（約2兩）、蒜末1大匙
調味：
鹽1小匙、鰹魚粉1大匙
做法：
1.筍乾泡水至軟，剝成
　長條，再切成短絲。
2.酸菜泡水5分鐘，切
　絲。
3.起油鍋，加6大匙油，
　炒香蒜末，入筍乾、
　酸菜拌炒片刻，加水
　1,000c.c.及調味料燜
　煮30分鐘。

親愛的，很愛吃妳
做的蒼蠅頭，不過，豆
豉本身很鹹，下次別再
加太多鹽了好嗎？

P.S. I Love U

原來雞肉必須小火
燜煮，才會嫩而入味，
而且中間還要記得將鍋裡
材料翻轉一次。今天終於
學會你愛吃的三杯雞，
嚐嚐我的手藝吧！

P.S. I Love U

三杯雞便當

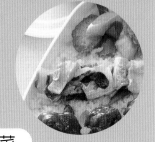

白飯+三杯雞+甜不辣炒甜椒+清炒白菜+泡菜

三杯雞

材料：
半土雞腿1支、薑4片、九層塔少許

調味：
酒1杯（4大匙）、醬油1杯（4大匙）、香油1杯（4大匙）、糖1 1/2大匙

做法：
1.雞腿剁小塊，備用。
2.起油鍋，入香油先炒香薑片，再放雞塊炒至顏色轉白，加剩下的調味料燒開，改小火燜煮約25分鐘，中間翻炒一次至汁液微乾。

泡菜

可選購市售現成品。

甜不辣炒甜椒

材料：
甜不辣3條，青、紅、黃椒各1/4個

調味：
鹽、鰹魚調味料各1/2小匙

做法：
1.甜不辣斜切片。
2.甜椒切滾刀塊。
3.起油鍋，加2大匙油，先將甜不辣略煎黃，再入甜椒拌炒一下，加調味料拌勻。

清炒白菜

材料：
小白菜225公克（約6兩）、薑絲1大匙

調味：
鹽1/3小匙、鰹魚調味料1小匙

做法：
1.小白菜洗淨，切成寸段。
2.起油鍋加3大匙油，入薑絲炒香，再放小白菜炒軟，加調味料拌勻。

照燒雞肉便當

白飯+照燒雞肉+黃豆豉炒劍筍+燙甜豆+清蒸南瓜+黑豆

照燒雞肉

材料：
去骨雞腿1支、熟白芝麻1/2小匙
調味：
A.醬油2大匙、水3大匙、太白粉1大匙
B.醬油3大匙、味醂2大匙、糖1小匙
做法：
1. 去骨雞腿切成大塊，加入A醃10分鐘。
2. 鍋中加油3大匙，入雞肉小火煎熟，放入B燒煮片刻，起鍋前撒入芝麻。

黃豆豉炒劍筍

材料：
劍筍225公克（約6兩）、黃豆豉醬2大匙、辣椒1支
做法：
起油鍋，加3大匙油，先炒辣椒，再入劍筍拌炒片刻，加入黃豆豉醬燜煮一下。

燙甜豆、清蒸南瓜、黑豆

各少許。

發現妳最近多了幾根白頭髮，所以在便當裡幫妳放了一些黑豆。黑豆含維他命B1、B2、B6、葉酸、鐵、鈷，可以讓妳的頭髮烏黑亮麗喔！

P.S. I Love U

鱈魚最佳的烹飪方式，除了油炸，還可以紅燒、清蒸或製成鱈魚排。知道妳最愛吃鱈魚，只要妳喜歡，我願為妳烹調出天下最美味的鱈魚！

P.S. I Love U

泡菜豬肉便當

白飯+泡菜炒肉片+鱈魚排+西芹蘭花蚌+酸菜黃豆芽

泡菜炒肉片

材料：
五花薄豬肉片225公克（約6兩）、韓國泡菜2大匙、洋蔥1/2個

調味：
日式醬油露2大匙、糖1/2小匙

做法：
1. 洋蔥切細絲。
2. 起油鍋，入3大匙油炒香洋蔥絲，再放五花肉片炒熟，續加泡菜及調味料拌炒片刻即可。

鱈魚排

材料：
鱈魚2片、麵粉2大匙、蛋1個、麵包粉3大匙

調味：
鹽、胡椒粉各1/2小匙

做法：
1. 鱈魚以鹽、胡椒略為醃抹。
2. 鱈魚片分別沾上麵粉、蛋汁、麵包粉，入七分熱油鍋中炸至金黃。

西芹蘭花蚌

材料：
西洋芹2片、蘭花蚌112.5公克（約3兩）、辣椒1支

調味：
鹽、鰹魚調味料各1/2小匙

做法：
1. 西洋芹洗淨，斜切片狀。
2. 辣椒洗淨斜切片。
3. 起油鍋，入3大匙油炒香辣椒，先放西洋芹拌炒片刻，再放蘭花蚌一起拌炒，加調味料拌勻。

酸菜黃豆芽

材料：
酸菜75公克（約2兩）、黃豆芽300公克（約1/2斤）、辣椒末1小匙

調味：
鹽、鰹魚調味料各1/2小匙

做法：
1. 酸菜切絲，泡洗5分鐘。
2. 起油鍋，入3大匙油炒香辣椒末，放酸菜、黃豆芽拌炒至軟，再加調味料拌勻。

咕咾肉便當

白飯+咕咾肉+魩魚野菜+百頁豆腐+粉豆、辣蘿蔔乾

咕咾肉

材料：
梅花肉225公克（約6兩）、甜椒（紅、黃、綠）各1/4個、蒜末1大匙

調味：
A.醬油2大匙、糖1/3小匙、五香粉1/4小匙、太白粉3大匙

B.糖、白醋、蕃茄醬、水各3大匙、鹽1/2小匙、太白粉1小匙

做法：
1.梅花肉切成粗條狀，加入A（太白粉除外）醃20分鐘。

2.取出醃過的梅肉，沾上太白粉，待肉表面有點反潮時，放入油鍋中炸至金黃。

3.甜椒分別切成滾刀塊，入滾水中汆燙，瀝乾水分。

4.起油鍋加2大匙油，入蒜末炒香，再入B燒開，放入梅肉、甜椒拌勻。

魩魚野菜

可在日系百貨公司超市裡購買，或買小魩魚炒雪裡紅末亦可。

百頁豆腐

材料：
百頁豆腐2塊

調味：
醬油1/2杯、水2杯、糖2大匙、八角1粒

做法：
1.調味料燒開，放入百頁豆腐、小火燜滷20分鐘，熄火浸泡2小時。

2.取出百頁豆腐，切成片狀。

粉豆、辣蘿蔔乾

粉豆150公克（約4兩），摘去頭尾硬筋，洗淨切成寸段，放進已加鹽、油的滾水中燙熟。

滷百頁豆腐時，
最好用滷過肉的湯
汁來滷，味道會更
鮮美喔！

P.S. I Love U!

嗨，我幫你把五花
肉買回來囉！記得，焢
肉要燒得好吃，祕訣就
是：「慢著火、少著水，
火候足時它自美」。

P.S. I Love U

焢肉便當

白飯+焢肉+豆腐高麗菜+菜脯蛋+泡菜

焢肉

材料：
五花肉300公克（約1/2斤）、八角1粒
調味：
酒2大匙、醬油1/2杯、水1 1/2杯、冰糖
2大匙
做法：
1. 五花肉切成大片，入鍋中煎微黃。
2. 調味料燒開，放入八角、五花肉、小
　火燜煮1小時。

泡菜

可選購市售現成品。

豆腸高麗菜

材料：
炸豆腸1條、高麗菜1/4個
調味：
鹽、鰹魚調味料各1/2小匙
做法：
1. 豆腸切成圈圈。
2. 高麗菜剝片狀。
3. 起油鍋，加3大匙油，
　入高麗菜拌炒片刻，
　放入豆腸、調味料拌
　勻，高麗菜軟化　即可
　盛盤。

菜脯蛋

材料：
碎菜脯2大匙、蛋1個、
蔥花1大匙
做法：
1. 菜脯略洗乾淨，瀝乾
　水分。
2. 蛋打散，加入菜脯、
　蔥花拌勻。
3. 鍋中加油2大匙，入菜
　脯蛋液炒至凝固。

高昇排骨便當

白飯+高昇排骨+甜不辣炒芹菜+三色蛋

高昇排骨

材料：
小排骨600公克（約1斤）、熟白芝麻1小匙

調味：
酒1大匙、糖2大匙、黑醋3大匙、淡醬油4大匙、水5大匙

做法：
1. 小排骨洗淨。
2. 鍋中放入小排骨、調味料燒開，改中小火，蓋上蓋子燜煮25分鐘至汁液收乾（中間翻轉一次）。

甜不辣炒芹菜

材料：
甜不辣150公克（約4兩）、芹菜300公克（約1/2斤）

調味：
鹽、鰹魚調味料各1/2小匙

做法：
1. 甜不辣斜切片。
2. 芹菜洗淨切小段。
3. 起油鍋，加3大匙油，先入甜不辣略為煎黃，再放芹菜段炒軟，加調味料拌勻。

三色蛋

材料：
雞蛋、皮蛋、熟鹹鴨蛋各3個、水1/2杯

做法：
1. 皮蛋煮熟剝去外殼，切成小塊。
2. 熟鹹鴨蛋去殼，切成小塊。
3. 雞蛋打散，加入皮蛋、鴨蛋、水拌勻，倒入鋪有玻璃紙的模型中，以中火蒸17分鐘。
4. 放涼取出切片。

親愛的，下次買蛋
時，先觀察蛋殼，表面
粗糙的表示新鮮，表面光
滑的，就是放了很久的
蛋，新鮮度不夠，就
別再買囉！

P.S. I Love U

客家鹹豬肉便當

白飯+鹹豬肉+金菇三絲+蕃茄炒蛋

鹹豬肉

材料：
五花肉1斤（2片）、八角2粒、五香粉1大匙、胡椒粉1小匙、鹽3大匙

做法：
1. 鍋加熱，放入鹽、八角小火炒至微黃，放涼。
2. 鹽、五香粉、胡椒粉混合拌勻，即為醃料。
3. 將五花肉抹上醃料，置於冰箱內，醃上3天入味，即為鹹豬肉。
4. 取鹹豬肉入電鍋中蒸熟，亦可入烤箱中烤熟。

金菇三絲

材料：
金針菇225公克（約6兩）、蔥絲3大匙、肉絲2大匙、辣椒絲1大匙

調味：
鹽、鰹魚粉各1/2小匙

做法：
1. 金針菇切去蒂頭黃色部分，剝開洗淨、瀝乾。
2. 鍋子燒熱，加油3大匙，入肉絲炒熟再放辣椒絲、蔥絲、金針菇炒軟，加入調味料拌勻。

蕃茄炒蛋

材料：
蛋1個、紅蕃茄1個

調味：
鹽1小匙、胡椒粉少許

做法：
1. 蕃茄去蒂、洗淨、切成小片。
2. 蛋打散，加入調味料拌勻。
3. 起油鍋，加3大匙油，先入蕃茄炒軟，再將蛋液淋入鍋邊，待蛋汁微凝固時，拌炒均勻。

莎士比亞曾在劇本裡寫著：「迷迭香是為了幫助回憶，親愛的，請你牢記。」，就讓我用迷迭香，幫助你增強記憶力吧！下次別再忘了我的生日了……

P.S. I Love U

知道為什麼我炸的香
酥排骨特別好吃嗎？嘿，
告訴妳一個小祕密：那就是
炸排骨時要用小火煎炸，這樣
肉才會軟嫩可口喔！而且，
最重要的是，裡面有我的
愛心……

P.S. I Love U

排骨便當

白飯+香酥排骨+乾煎帶魚+雪菜豆乾丁+蕃茄花菜

香酥排骨

材料：
大排骨2片、五香粉1/4小匙、蒜泥1/2小匙、太白粉2大匙

醃料：
酒2大匙、醬油5大匙、糖1 1/2大匙、水2大匙

做法：
1. 大排骨用肉錘兩面拍鬆，加入五香粉、蒜泥及醃料，拌醃1小時入味。
2. 太白粉加入與大排骨拌抓成濕黏狀。
3. 平底鍋中，放油微蓋過材料，以中小火將大排骨兩面半煎半炸至金黃。

雪菜豆乾丁

材料：
雪菜225公克（約6兩）、豆乾丁3大匙、辣椒1支

調味：
鹽少許、香油1大匙

做法：
1. 雪菜擠去硬梗老菜，洗淨擠乾水分，切成細末。
2. 辣椒切細圈圈。
3. 起油鍋加4大匙油，先入辣椒、豆乾拌炒片刻，加入雪菜，水2大匙拌炒，加入　調味料拌勻。

蕃茄花菜

材料：
紅蕃茄1個、花椰菜1/4個

調味：
鹽、鰹魚調味料各1/2小匙

做法：
1. 蕃茄去蒂、洗淨，切成片狀。
2. 花椰菜切成小朵、洗淨。
3. 起油鍋，加3大匙油，放蕃茄、花菜拌炒，入水4大匙燒軟，加調味料拌勻。

乾煎帶魚

材料：
帶魚2片、鹽1小匙

做法：
1. 帶魚用利刀在身上劃直刀紋至大骨深處，抹上鹽巴。
2. 平底鍋加熱，加2大匙油入帶魚兩面煎黃。

紅糟是用紅麴和糯
米發酵釀造成的，裡面
含有一種可抑制體內膽
固醇合成的物質，是很
棒的健康食品喔！

P.S. I Love U

紅糟肉便當

白飯+紅糟肉+醬油糖小魚乾+洋蔥炒蛋+花椰菜

紅糟肉

材料：
梅花肉225公克（約6兩）、青蒜末1大
匙、蒜末1小匙
調味：
酒1大匙、紅糟1 1/2大匙、糖1小匙、水4大匙
做法：
1.梅花肉切成薄片。
2.鍋中加油4大匙、入梅花肉片略炒至
　熟，撈出。
3.另起油鍋，加2大匙油，炒香蒜末，
　入調味料燒開，放入肉片燴炒均勻，
　起鍋前　撒入青蒜末即可。

花椰菜

將花椰菜放入，加鹽滾
水中汆燙。

醬油糖小魚乾

材料：
丁香魚乾112.5公克（約
3兩）
調味：
醬油3大匙、糖1大匙
做法：
1.丁香魚乾稍泡水微
　軟。
2.起油鍋，加3大匙油，
　入小魚乾煸至微酥，
　加入調味料拌勻。

洋蔥炒蛋

材料：
蛋1個、小洋蔥1個
調味：
鹽、鰹魚調味料各1/2小匙
做法：
1.蛋打散、洋蔥切細絲。
2.起油鍋，加4大匙油，
　先放洋蔥絲炒軟，再入
　蛋汁，待蛋汁快凝固
　時，加調味料拌勻。

粉蒸肉便當

白飯+粉蒸肉+煎鹹小管+豆包炒高麗菜+辣蘿蔔乾

粉蒸肉

材料：

梅花肉225公克（約6兩）、五香粉1/4小匙、蒜末1小匙、蒸肉粉1/2杯

調味：

酒1大匙、醬油1/2杯、糖3大匙、辣豆瓣醬1小匙、香油1大匙

做法：

1. 梅花肉切成小塊，加入五香粉、蒜末調味料醃1/2天入味。
2. 梅花肉分別沾上蒸肉粉，上淋些調味汁，使蒸肉粉上有點潮濕，入鍋蒸1小時。

星星愛之味
天秤座情人

生　　日	9月23日～10月22日
星座屬性	風象
性格字彙	我想
優　　點	優雅、具高度審美觀、追求公平
缺　　點	善辯、猶豫不決、散漫
幸運食物	深綠色蔬菜、豆類、柳橙、酪梨

　　喜歡美食，容易暴飲暴食，加上人緣好，飯局多，想不胖都難。最好多攝取豆類、魚類等優良蛋白質。泌尿系統不好，不妨多吃蔓越莓，每天喝足八大杯水，以保持腎臟正常運作。戀愛中的天秤座情人，減肥最容易成功喔！

煎鹹小管

材料：

鹹小管112.5公克（約3兩）

做法：

1. 鹹小管洗淨，瀝乾水分。
2. 鍋中加油2大匙、入鹹小管以小火煎黃。

豆包炒高麗菜

材料：

炸豆包1片、高麗菜1/4個

調味：

鹽1小匙

做法：

1. 豆包切成片狀。
2. 高麗菜洗淨，剝成片狀。
3. 起油鍋，加3大匙油，入高麗菜、豆包炒軟，加調味料拌勻。

辣蘿蔔乾

可選購市售現成品。

親愛的，為了你的健
康，我把五花肉改成梅花
肉，吃起來更香、更美味
喔！而且呢，我在蒸肉粉上灑
了一些醬汁，避免粉蒸肉變
得又乾又硬。嘻，如何，
我的廚藝進步了吧？

P.S. I Love U

親愛的，妳知道嗎？鯛魚是經過改良的吳郭魚，也是台灣的「國寶魚」喔！而在我的心目中，妳就是我的「國寶魚」……^_^

P.S. I Love U

紅燒獅子頭便當

白飯+紅燒獅子頭+煎鯛魚片+薑燜南瓜+涼拌粉豆

紅燒獅子頭

材料：
夾心絞肉300公克（約1/2斤）、荸薺6
粒、蔥末、薑末各1大匙、蛋1個、大
白菜1個

調味：
酒1大匙、鹽1小匙、鰹魚調味料1小匙、
醬油1大匙、水1/2杯、太白粉2大匙

做法：
1. 荸薺剁碎，與絞肉、蔥末、薑末、
   蛋、調味料混合拌勻，反覆甩打。
2. 取肉泥做成大圓球，入油鍋中以七分
   熱的中小火炸至表面金黃。
3. 大白菜剝成片狀，入鍋中炒軟，加入大
   肉丸、醬油、糖一起以小火紅燒至軟。

涼拌粉豆

材料：
粉豆150公克（約4兩）

調味：
鹽1/2小匙、香油1大匙

做法：
1. 粉豆摘去頭尾硬筋，
   切成小段。
2. 鍋中水燒滾，放入粉
   豆燙2分鐘，撈出加入
   調味料拌勻。

煎鯛魚片

材料：
鯛魚片1片

做法：
鯛魚片切成小片，抹少
許鹽，入油鍋中小火煎
黃。

薑燜南瓜

材料：
南瓜300公克（約1/2
斤）、薑絲1大匙

調味：
鹽1小匙、糖1/2小匙

做法：
1. 南瓜去籽，連皮切小
   片。
2. 起油鍋加3大匙油，先
   炒香薑絲，入南瓜一
   起拌炒片刻，加入水
   1/2杯，鹽、糖　拌
   勻，小火燜至軟化。

貴妃牛腩便當

白飯+貴妃牛腩+韭菜花炒蛋+涼拌四季豆+廣式泡菜

貴妃牛腩

材料：
牛腩1斤、紅蘿蔔1條、蔥1支（切段）、
薑4片、八角1粒
調味：
酒1大匙、甜麵醬1大匙、辣豆瓣醬1小
匙、醬油3大匙、糖1大匙、太白粉1
小匙
做法：
1.牛腩切塊入滾水中汆燙，撈出洗淨。
2.鍋中加水1/2鍋，放入牛腩煮30分
　鐘，撈出瀝乾，湯汁留用。
3.起油鍋，加2大匙油，炒香蔥段、薑
　片、熗酒，放入甜麵醬、辣豆瓣醬、
　醬油、糖、牛腩拌炒2分鐘，倒入牛
　肉湯汁四碗燒開，改中小火續煮20分
　鐘，加入紅蘿蔔塊再煮10分鐘。
4.以太白粉水勾薄芡。

韭菜花炒蛋

材料：
蛋1個、韭菜花75公克
（約2兩）
調味：
鹽1小匙
做法：
1.韭菜花摘去老的部
　位，洗淨切成細末。
2.蛋打散加入韭菜花、
　鹽拌勻。
3.鍋中加油3大匙，入蛋
　液炒至凝固。

廣式泡菜

材料：
白蘿蔔1小條、紅蘿蔔
1/2條、嫩薑少許
調味：
A.鹽1大匙
B.糖、白醋各1/2杯
做法：
1.白蘿蔔、紅蘿蔔削
　皮，切成小菱形條，
　加入A醃軟化，倒去苦
　水。
2.B拌勻，放入紅蘿蔔、
　白蘿蔔、嫩薑醃一天
　入味。

涼拌四季豆

四季豆75公克（約2兩）
摘去老筋、切成寸段，入
加了鹽的滾水中煮熟。

牛肉不容易煮熟，所以我多做了一些，用保鮮盒分裝後放在冷凍庫，吃的時候，只要解凍加熱就可以囉！

P.S. I Love U

我最近學會了日式滷海帶，口味偏重，口感QQ的，很有咬勁，放在便當裡很下飯喔！

P.S. I Love U

照燒牛肉卷便當

白飯+照燒牛肉卷+煎鹹鮭魚片
+涼拌皇帝豆、秋葵、玉米筍+日式滷海帶

照燒牛肉卷

材料：
火鍋牛肉片4片、金菇112.5公克（約3兩）、熟白芝麻1小匙

調味：
醬油3大匙、味醂2大匙、糖1小匙、水4大匙

做法：
1.金菇切去蒂頭黃色部分洗淨。
2.取牛肉片包入金菇，捲成圓筒狀。
3.平底鍋中，加油3大匙，入牛肉卷小火煎熟，放入調味料燒開，小火燜煮至汁液微乾，起鍋前撒入芝麻。

煎鹹鮭魚片

材料：鮭魚片4片、鹽1小匙

做法：鮭魚片加鹽醃抹，入鍋中小火煎黃。

涼拌皇帝豆、秋葵、玉米筍

材料：
皇帝豆、秋葵、玉米筍各適量

調味：
鹽1小匙、香油1大匙

做法：
鍋中水煮開，放入材料煮3分鐘，撈出加入調味料拌勻。

日式滷海帶

材料：
乾海帶2條

調味：
日式柴魚醬油1/2杯、味醂1/2杯、糖2大匙、水2杯、芝麻少許

做法：
1.乾海帶略微沖水一下（千萬不要浸泡），切成小片。
2.調味料放入鍋中加入海帶煮開，改小火慢慢燉煮約40分鐘至汁液收乾，中間記得翻動。
3.盛盤後撒上芝麻即可享用。

燻魚便當

白飯+燻魚+越瓜炒肉絲+雪菜百頁

燻魚

材料：
草魚中段600公克（約1斤）

調味：
酒1大匙、糖3大匙、醬油1大匙、五香粉1/4小匙、水1 1/2杯

做法：
1. 草魚處理乾淨，由中間大骨剖成兩半，再斜切厚片。
2. 鍋中油燒至七分熱，投入擦乾水分的草魚厚片，炸至金黃。
3. 鍋中調味料燒開，放入魚片，小火燜至汁液收乾、放涼。

越瓜炒肉絲

材料：
肉絲3大匙、越瓜150公克（約4兩）、辣椒1支

調味：
醬油1大匙、水2大匙、太白粉1/3小匙

做法：
1. 肉絲加入調味料醃拌。
2. 越瓜洗淨，泡水5分鐘。

3. 辣椒斜切片。
4. 起油鍋，加3大匙油，入辣椒炒香，肉絲炒散，加入越瓜拌炒片刻即可。

雪菜百頁

材料：
雪菜300公克（1/2斤）、百頁一束（10片）、辣椒1支、鹼粉1大匙

調味：
鹽、糖各1/2小匙、鰹魚調味料1小匙

做法：
1. 雪菜洗淨，去老葉，切成細末。
2. 鹼粉入溫水中融化，放入百頁泡至顏色轉白，撈出反覆更換清水，瀝乾水分，剝成片狀。
3. 起油鍋，加5大匙油，炒辣椒、雪菜片刻，入百頁拌炒，加調味料拌勻。

燻魚是江浙菜，
無論冷食、當做請客的
前菜或下酒菜都行，我做
了不少，幫你放在冰箱
冷藏室裡，請慢慢享
用喔……：）

P.S. I Love U

親愛的，我用的是
市面上現成的冷凍浦燒
鰻，真空包裝，很方便
喔，只要解凍後放進烤箱
烤熱就OK了。嘻，不許
說我懶……
P.S. I Love U

鰻魚飯便當

白飯+浦燒鰻+雪菜肉末+茭白筍

浦燒鰻

材料：
河鰻1條、熟白芝麻1小匙
調味：
醬油膏1/2杯、糖2大匙

做法：
1. 河鰻處理乾淨，從腹部剖開成兩長片，放入鍋中蒸熟（約20分鐘），瀝乾水分。
2. 將蒸熟的河鰻，塗上綜合調味料，入烤箱烤至金黃（中間反覆塗抹醬料），撒上芝麻即可。

雪菜肉末

材料：
絞肉75公克（約2兩）、雪裡紅225公克（約6兩）、辣椒1支
調味：
鹽、鰹魚調味料各1/2小匙
做法：
1. 雪裡紅洗淨，切去硬梗老葉，擠乾水分，切成細末。辣椒切小圈圈狀。
2. 起油鍋，加3大匙油，先放辣椒炒香，入絞肉炒熟，再放雪裡紅拌炒片刻，最後加調味料拌勻。

茭白筍

材料：
茭白筍2支
調味：
醬油2大匙、水1杯、鰹魚調味料1大匙
做法：
1. 茭白筍切滾刀塊。
2. 鍋中加入調味料燒開，放入茭白筍煮至入味，成淺褐色即可。

臘味便當

白飯+臘腸、肝腸+雞卷+清炒芥藍

臘腸、肝腸

將臘腸、肝腸入電鍋中蒸8分鐘,也可以在煮飯時,放在飯上一起煮熟,放涼後再取出切薄片。

雞卷

材料:
豆皮2張、魚漿225公克(約6兩)、荸薺6粒、洋蔥1/2個、瘦肉2長條

調味:
鹽1小匙、鰹魚調味料1大匙、胡椒粉1小匙、太白粉1大匙

做法:
1. 洋蔥切細丁,荸薺拍碎,與魚漿混合,加入調味料拌勻,即是餡料。
2. 取一張豆皮包入一半的餡料,中間放入一條瘦肉包捲成圓筒狀。另一張也包成圓筒狀。
3. 入油鍋中以160℃小火慢慢炸至浮起,待金黃色時,起鍋前改大火炸一下,撈出。
4. 取出放涼後斜切片。

清炒芥藍

材料:
芥藍225公克(約6顆)、薑絲1大匙

調味:
酒1大匙、鹽、鰹魚調味料各1小匙

做法:
1. 芥藍摘去老葉,切成寸段。
2. 起油鍋,加3大匙油,炒香薑絲、入芥藍拌炒片刻,由鍋邊熗酒,加調味料拌勻。

芥藍含有豐富的
鈣、磷及鐵質。清炒時
燴些酒會更美味。蠔油芥
藍菜也是我的絕活喔！
下次做給妳吃……

P.S. I Love U

甜蜜享瘦

—8道最健康瘦身便當

誰説美食與瘦身不能兼得？
親愛的，我想為你
做個美味的瘦身便當，
讓我們既能享受甜蜜，
也能甜蜜享瘦！

糙米含有豐富的天
然植物纖維，常吃糙米
飯，不但能補充豐富的膳
食纖維，刺激腸胃蠕動，
而且可以增加飽足感，
幫你瘦身喔！

P.S. I Love U

糙米飯便當

糙米飯+照燒肉末+梅漬甜椒+鴻喜菇燒蒟蒻片

糙米飯

糙米2杯、泡水一夜，內鍋加水2杯煮熟。

照燒肉末

材料：
梅花絞肉150公克（約4兩）、洋蔥丁1/2
碗、熟白芝麻1/2小匙

調味：
醬油3大匙、糖1小匙

做法：
鍋中加油2大匙、入洋蔥丁炒香，再入
絞肉炒熟，加入調味燒煮入味。

梅漬甜椒

材料：
青椒、紅椒、黃椒各1/3
個，話梅3顆

做法：
三色椒切成小片，加入
話梅，置於容器內拋一
拋，放入冷藏一夜。

鴻喜菇燒蒟蒻片

材料：
鴻喜菇75公克（2兩）、
蒟蒻片150公克（約4兩）

調味：柴魚醬油3大匙、
鰹魚調味1小匙

做法：
起油鍋加2大匙油，入鴻
喜菇炒軟，再放蒟蒻片
拌炒，加調味燒煮3分鐘
即可。

生　　日：10月23日～11月22日
星座屬性：水象
性格字彙：我渴望
優　　點：愛恨分明、有耐心、勇於迎接挑戰
缺　　點：過於內斂、多愁善感、冷酷
幸運食物：牛奶、麥芽、杏仁、花生

　　愛恨分明，飲食偏愛重口味，是易胖體
型，所以如果從事久坐的工作，通常臀圍會比
別人大一號。不過，天蠍座情人「一但下定決
心、就全力以赴」的個性，加上不偏食、多吃
高纖蔬果，倒是很容易瘦身成功喲！

五目炊飯便當

五目炊飯+芝麻燒肉+蛋卷+涼拌秋葵

五目炊飯

材料：
白米3杯、黃豆1/2杯、牛蒡丁1/2杯、紅蘿蔔丁1/2杯、蒟蒻丁1/2杯、香菇丁1/2杯

調味：
日式柴魚醬油4大匙、鰹魚調味1大匙

做法：
1. 黃豆洗淨先泡水一夜。白米洗淨、瀝乾。
2. 起油鍋，加4大匙油炒香香菇丁，再入紅蘿蔔丁、牛蒡丁、蒟蒻丁、拌炒片刻，再入白米拌炒，加調味拌勻。
3. 將做法2的材料倒入電子鍋中，加水2 3/4杯，煮熟，即是五目炊飯。

芝麻燒肉

材料：
薄五花肉150公克（約4兩）、洋蔥半個切絲、熟白芝麻1小匙

調味：
醬油3大匙、糖1小匙

做法：
起油鍋，加3大匙油，先炒香洋蔥絲，再入五花肉片炒熟，加入調味燜煮片刻，起鍋前撒入芝麻。

蛋卷

材料：
蛋2個

調味：
鹽1小匙、糖1/2小匙

做法：
1. 蛋打散，加入調味拌勻。
2. 平底鍋加熱，用紙巾抹上薄薄一層油，倒入少許蛋汁，流轉成一薄片，待蛋汁微凝固，用筷子捲至一邊，再抹少許油，倒入少許蛋汁成一薄片，快凝固時再用筷子捲至邊邊重疊，如此反覆將蛋汁煎完，即成一厚厚的蛋卷。
3. 取出切成小片。

涼拌秋葵

少許，做法請參考p.61。

妳不是嚷著要減肥
嗎？蒟蒻的主要成分「葡
甘露聚醣」，是一種膳食性纖
維，零熱量，對妳最好了喲！
乖乖吃完我為妳準備的五目炊
飯，下次做蒟蒻麵給妳吃
……^_^
P.S. I Love U

你常大魚大肉，我一直很擔心你膽固醇太高⋯，燕麥是高纖穀類糧食作物，含豐富維生素E和多種礦物質，多吃我煮的燕麥飯，能幫你降血脂和膽固醇喔！

P.S. I Love U

燕麥便當

燕麥飯+香煎鱈魚+肉絲四季豆+炒玉米筍+辣蘿蔔乾

燕麥飯

燕麥洗淨泡水一夜，加水與燕麥平，入電子鍋中煮熟。

香煎鱈魚

材料：
鱈魚1片、鹽1/2小匙
做法：
1.鱈魚抹上鹽巴、醃5分鐘。
2.平底鍋燒熱，放入鱈魚小火兩面煎黃。

肉絲四季豆

材料：
瘦肉絲75公克（2兩）、四季豆150公克（約4兩）
調味：
A.水2大匙、太白粉1/3小匙
B.鹽、鰹魚調味料各1/3小匙、水2大匙
做法：
1.肉絲加入A拌勻。
2.四季豆摘去老筋，斜切片。
3.起油鍋，加3大匙油，炒肉絲至顏色轉白，再入四季豆拌炒片刻，加入B拌勻。

炒玉米筍

材料：
玉米筍150公克（約4兩）、紅蘿蔔絲1小匙
調味：
鹽、鰹魚調味各1/3小匙
做法：
鍋中加油2大匙，入玉米筍、紅蘿蔔絲拌炒，加水4大匙煮片刻，再入調味拌勻。

辣蘿蔔乾

可選購市售現成品。

紅豆飯便當

紅豆飯+鮮菇炒肉片

紅豆飯

材料：
小紅豆150公克（約4兩）、白米3杯

做法：
1. 小紅豆洗淨，加2 3/4杯水泡一夜，白米洗淨、瀝乾。
2. 將小紅豆連同泡的水與米混合，放入電子鍋中煮熟，即是紅豆飯。

鮮菇炒肉片

材料：
梅花肉150公克（約4兩）、鮮菇6朵

調味：
A. 醬油1大匙、水3大匙、太白粉1小匙
B. 鹽、鰹魚調味各1小匙

做法：
1. 梅肉切片，加入A拌勻。
2. 鮮菇洗淨切片。
3. 起油鍋，加3大匙油燒熱，入肉片炒至顏色轉白，再入香菇拌炒片刻，加B拌勻。

星座愛之味

射手座情人

生　　日：11月23日～12月21日
星座屬性：火象
性格字彙：我追求
優　　點：大膽、好學、幽默風趣
缺　　點：不喜歡受拘束、說話犀利、不修邊幅
幸運食物：芝麻、豬肉、豆腐、蛋

　　喜歡運動，但也熱愛美食，要注意別攝取太多油膩食物，才能維持美好曲線，同時也能避免血脂肪過高等疾病。建議最好用橄欖油為射手座情人烹調食物，多吃紅色或黃色水果，平常也要養成多喝豆漿、乳類飲品的好習慣。

紅豆補血，在日本，有喜慶或女兒節時，家家戶戶必吃紅豆飯。今天是妳的生日，我特別為妳準備了紅豆飯，生日快樂！

P.S. I Love U

你平常應酬太多，
吃得又油膩，今天幫你
準備了含高纖維、豐富
維生素E的五穀雜糧便
當，用餐愉快喔！
P.S. I Love U

雜糧飯便當

雜糧飯+洋蔥燒肉+蕃茄高麗菜+涼拌菱角

雜糧飯

材料：
紫米、薏仁、燕麥、喬麥、黃豆各適量
做法：
將五穀米洗淨泡水一夜，放入電子鍋中，水的量比平時白米多出1/2杯，即可烹煮。如兩杯五穀米，就加2 1/2杯水。

洋蔥燒肉

材料：
薄五花肉片4兩、洋蔥（小）1個、熟白芝麻1/2小匙
調味：
日式柴魚醬油4大匙、砂糖1大匙
做法：
1.洋蔥切成細絲備用。
2.起油鍋，加3大匙油，入洋蔥絲炒香軟，再放肉片拌炒至熟，續加調味拌勻，起鍋前撒入熟芝麻，增加香味。

蕃茄高麗菜

材料：
紅蕃茄1個、高麗菜1/4個
調味：
鹽鰹魚調味各1/2小匙
做法：
1.蕃茄去蒂洗淨，切成片狀。
2.高麗菜洗淨，剝成片狀。
3.起油鍋，加3大匙油，先入蕃茄炒軟，再放高麗菜拌炒至軟，續加調味拌勻。

涼拌菱角

材料：
菱角150公克（約4兩）、紅蘿蔔丁2大匙、毛豆2大匙、辣椒1支
調味：
鹽、鰹魚調味料各1/2小匙、香油1大匙
做法：
1.菱角入滾水中煮熟，撈出瀝乾水分。
2.紅蘿蔔、毛豆也入滾水中煮熟、瀝乾。
3.辣椒切細與菱角、紅蘿蔔、毛豆混合，加入調味料攪拌均勻。

糙米黃豆飯便當

糙米黃豆飯+滷牛肉

糙米黃豆飯

材料：
糙米2杯、黃豆1/2杯

做法：
1.糙米、黃豆洗淨，分別浸泡一夜。
2.將糙米、黃豆瀝乾水分，放入電子鍋中，加3杯水煮熟。

滷牛肉

材料：
小花腱1,800公克（約3斤）、薑4片、辣椒2支
香包：
丁香5分、山奈1錢、白豆蔻1錢、陳皮1錢、桂皮1錢、大茴香1錢、小茴香1錢、甘草1錢、花椒1錢

做法：
1.牛腱肉入滾水中汆燙，倒去血水浮沫、洗淨。
2.鍋中加薑片、辣椒、香包、醬油2杯，水7杯、冰糖4大匙煮開，放入牛腱肉，水開後改中小火，滷$1_{1/2}$小時，熄火浸泡一夜。
3.取出切成薄片。

星座愛之味
摩羯座情人

生　　　日：12月22日～1月19日
星座屬性：土象
性格字彙：我做
優　　　點：成熟穩重、有組織力、具領導力
缺　　　點：嚴格、、功利、世故、不知變通
幸運食物：優酪乳、牛奶、雞蛋、魚類
　　勞碌命的摩羯座情人，常為了工作疏於照顧自己，而使身材漸走樣。不過，堅忍不拔的個性，會讓摩羯座情人將瘦身當成事業般經營。除了運動，忙碌工作之餘，，也要學著在餐桌上細嚼慢嚥，這樣可有助於維持好身材。

這次我出差一個月，
妳要好好照顧自己，別顧
著工作，要定時吃飯喔！我做
了很多滷牛腱，已用塑膠袋分
裝，吃時只要從冷凍庫裡拿出
來自然解凍就OK囉！好好
吃飯，好好想我…

P.S. I Love U

薏仁含豐富纖維
素，維生素B、E與多種
礦物質，能消除水腫、降低
血脂肪、美容養顏、延緩老
化，還可抑制癌細胞的生
長，是解毒抗癌的穀類
上品喔！
P.S. I Love U

薏仁炒飯便當

薏仁炒飯+梅肉大根煮+燙甜豆

薏仁炒飯

材料：
薏仁300公克（約1/2斤）、瘦肉2大匙、
青豆仁、紅蘿蔔丁各2大匙
調味：
鹽、鰹魚調味料各1/2小匙
做法：
1.薏仁洗淨，泡水4小時。
2.內鍋中加水與薏仁平，入電子鍋中
　煮熟。
3.起油鍋加3大匙油，入肉丁炒熟，再
　放1 1/2碗薏仁及熟青豆、紅蘿蔔丁拌
　炒均勻，續加調味混合拌勻。

梅肉大根煮

材料：
梅花肉150公克（約4兩）、白蘿蔔1小條
調味：
日式醬油露5大匙、鰹魚調味料1大匙
做法：
1.梅肉切塊狀。
2.白蘿蔔去皮、切大塊。
3.將梅肉、白蘿蔔、調味放入鍋中，加水至
　與材料同高，以中火燒開，改中小火熬煮
　40分。

燙甜豆

甜豆75公克（約2兩），
去老筋，放入滾鹽水中
汆燙一下即可。

韓國蔬菜拌飯便當

白飯+辣醬蔬菜

辣醬蔬菜

材料：
黃豆芽、辣蘿蔔乾、小黃瓜絲、炒芥
藍、泡菜、松子仁各少許

調味：
韓國辣醬1大匙、冷開水2大匙、糖1/2
小匙

做法：
1. 黃豆芽入鍋中炒軟，加少許韓國辣醬
   拌勻即可。
2. 芥藍切寸段，入油鍋中炒軟，加鹽
   調味。
3. 便當盒中裝入米飯及各式蔬菜，淋上
   辣醬，食用時與米飯一起拌勻。

星座愛之味

水瓶座情人

生　　日：1月20日～2月18日
星座屬性：風象
性格字彙：我了解
優　　點：聰明、冷靜、獨立、人道主義
缺　　點：冷漠、孤僻、個性不穩定
幸運食物：牛奶、蛋、豆類、菠菜

　　水瓶座情人大多高高瘦瘦，本來就不怎麼
胖，但可能會因為血液循環不良，而導致下半
身肥胖。好奇心強，所以特別喜歡吃異國料
理。吃飯時要避免受情緒影響，盛裝飯菜不妨
用小碟子，以免吃太多。

韓國辣醬拌飯最好
吃了！這次去韓國，別忘
了幫我帶一些韓國辣醬回
來，我會多做一些冷熱兩相
宜、清爽可口的韓國蔬菜
拌飯便當給妳吃喔！

P.S. I Love U

兩小無猜

—9道小朋友愛吃的卡哇依便當

妾髮初覆額，折花門前劇，
郎騎竹馬來，遶床弄青梅。
同居長干里，兩小無嫌猜……

　　　　　　　　《李白　長干行》

做個可愛又可口的便當，
為純真戀情增添一番好滋味！

凱蒂貓便當

凱蒂貓飯糰+鑫鑫腸+青豆蛋卷
+煮小芋頭+魚丸三兄弟+季節水果

凱蒂貓飯糰

將米飯壓入凱蒂貓模型中，蓋出圖案，以蜜黑豆當眼睛、火腿片當蝴蝶結、海苔絲當胡鬚、玉米粒當鼻子。

鑫鑫腸

鑫鑫腸用刀劃刀口，入油鍋中炸至金黃。

凱蒂貓小檔案

中文名字：凱蒂貓
英文名字：KITTY WHITE
暱　　稱：Hello Kitty
性　　別：女生
生　　日：1974年11月1日
星　　座：天蠍座（和原創作者相同）
血　　型：A型
出 生 地：英國倫敦
身　　高：5個蘋果高
體　　重：3個蘋果重
性　　格：開朗活潑、溫柔熱心、調皮可
　　　　　愛、喜歡交朋友
專　　長：打網球、彈鋼琴
拿 手 菜：手工歐風鄉村小餅乾
男 朋 友：丹尼爾

青豆蛋卷

蛋一顆打散，加少許鹽調味，入平底鍋中，一層層煎凝固捲起，中間放入一條煮熟的四季豆，繼續捲成厚片。

煮小芋頭

小芋頭削皮，放入鹽水中煮熟。

魚丸三兄弟

將三顆魚丸串成一串，是小朋友的最愛。

季節水果

紅、黃小蕃茄，以及蘋果等。

鹹蛋超人便當

鹹蛋超人飯糰+酥炸雞塊+微笑馬鈴薯+可樂餅+玉米粒

鹹蛋超人飯糰

以鹹蛋超人模型壓入米飯，蓋出圖形。
以蛋片當眼睛，紅薑絲當鼻子。

酥炸雞塊

材料：
去骨雞腿1隻
調味：
醬油4大匙、糖1 1/2大匙、太白粉2大匙
做法：
1.雞腿切小塊，加入調味料醃20分鐘。
2.油七分熱，入雞塊炸至金黃。

微笑馬鈴薯

入油鍋中七分熱炸至金黃，在超市可買到冷凍成品。

可樂餅

超市冷凍可樂餅入油鍋中，七分熱炸至金黃。

玉米粒

市售罐頭玉米粒3大匙。

鹹蛋超人小檔案

背　　景：由真人演出的特攝影片螢幕英雄
正式名稱：超人力霸王
原始身分：「宇宙警備隊」成員
任　　務：為保護人類而勇敢對抗怪獸
信　　念：邪不勝正
事　　蹟：1966年在日本播出最後一集時，曾有不少小朋友看到鹹蛋超人飛離地球的鏡頭後，紛紛在家中朝著窗外大喊：「謝謝鹹蛋超人！」

哆啦A夢便當

哆啦A夢飯糰+四季豆捲筒肉+魚豆腐、黑輪+季節水果

哆啦A夢飯糰

以哆啦A夢模型壓入米飯，蓋出圖形，以火腿片裝飾眼球、嘴巴。

四季豆捲筒肉

材料：
大里肌肉片2片、熟四季豆3根

調味：
醬油4大匙、糖1小匙、水3大匙、太白粉1大匙

做法：
1.里肌肉片加入調味料醃10分鐘。
2.里肌肉片包入四季豆，捲成圓筒狀，縫口用牙籤叉住入油鍋中炸熟。
3.取出對切成兩半。

魚豆腐、黑輪

只要用高湯煮過，味道就很棒囉！

季節水果

橘子。

哆啦A夢小檔案

中文原名：小叮噹
日本原名：銅鑼衛門（DORAEMON）
生　　日：2112年9月3日
型　　號：貓型機械人1293號DORAE-MON
性　　別：男生
身　　高：129.3 cm
體　　重：129.3 kg
馬　　力：129.3 ps
胸　　圍：129.3 cm
彈 跳 力：129.3 cm（遇到老鼠時）
逃走速度：129.3KM/H（遇到老鼠時）
性　　格：樂於助人，但有時脾氣非常暴躁
最愛食物：銅鑼燒
女 朋 友：數目不詳，曾有一位女朋友因為哆啦A夢午睡時被老鼠咬掉耳朵，從此離他而去……

可愛貓熊便當

貓熊飯糰+小卷圈圈+炸麥克雞塊、鑫鑫腸
+玉米段、豬小弟白煮蛋+季節水果

貓熊飯糰

3/4碗米飯捏成圓扁形，四周用海苔片
圍邊，蜜黑豆當眼球，紅薑絲當嘴唇。

小卷圈圈

材料：
透抽（小卷）1條、麵粉2大匙、蛋1
個、麵包粉4大匙
調味：
鹽1/2小匙、胡椒粉1/2小匙
做法：
1.透抽剝去外膜，挖去內臟，切成圈
　圈，加入調味料拌勻。
2.取小卷圈圈，先沾上麵粉，再沾蛋汁，
　最後沾麵包粉入油鍋中炸至金黃。

炸麥克雞塊、鑫鑫腸

鑫鑫腸用利刀劃兩刀
紋，入油鍋中炸熟。
麥克雞塊入七分熱油鍋
中炸熟。

玉米段、豬小弟白煮蛋

白煮蛋可依喜好裝飾。

季節水果

紅色小番茄。

貓熊小檔案

種類：食肉目熊科或浣熊科，是一種哺乳動物
食物：以竹葉、竹筍為主食，有時也吃肉或
　　　其他代食品
生態：分布於我國四川和鄰近的西藏部分地
　　　區，性耐寒

從數字看外型：

尾巴→長得短小而扁平，只有15公
　　　分左右。
牙齒→成年貓熊有42顆恆齒，臼齒
　　　大小約為人類臼齒的7倍。
體型→成年貓熊約重200至300磅，
　　　身長1.5公尺，肩高0.9公尺，
　　　一般雄性貓熊體型比雌性大
　　　10%。
皮毛→成年貓熊的毛可長到10公分。
骨頭→大約是身軀重量的2倍。

彩虹魚便當

彩虹魚飯糰+熱狗捲筒肉+四季豆蛋卷

彩虹魚飯糰

以小魚模型，壓入米飯，蓋出圖案。青豆當眼球、海苔絲當尾巴，火腿片切鋸齒狀排成魚鱗狀。

熱狗捲筒肉

材料：
熱狗2根、大里肌肉片2片

調味：
醬油2大匙、水1大匙、太白粉1大匙

做法：

1. 大里肌肉略拍鬆，加入調味料醃10分鐘。
2. 取里肌肉片，包入熱狗，捲成圓筒狀，縫口用牙籤封住。
3. 入七分熱油鍋中炸熟，對切成兩半。

四季豆蛋卷

材料：
蛋2個、四季豆1根

調味：
鹽1/2小匙、味醂1大匙

做法：

1. 蛋打散加入調味料拌勻。
2. 四季豆燙熟。
3. 平底鍋抹少許油，倒入少許蛋汁，快凝固時，以筷子捲至鍋邊成一長條，再抹少許油，淋入蛋汁，快凝固時以筷子捲至長條蛋皮上，依序成一厚片、中間包入四季豆，做成長條厚蛋卷一個。
4. 取出切成厚片。

熱狗小檔案

熱狗為英文"hotdog"的義譯。

熱狗的發明可追溯至原始人，他們為了方便熟食和保存食物，利用動物的胃、腸，裝入其他動物的內臟或肉，再用火烹調。現在的熱狗外皮是用豬、羊等動物腸子做成腸衣（也有人工製的），填入物則以絞碎豬肉為主，製法也非常繁多，包括醃製、煙燻、風乾等。

據說，以製作熱狗聞名的德國，光是製法就有1,500多種呢！

馬鈴薯煎餅便當

馬鈴薯煎餅+培根南瓜卷+烤雞翅

馬鈴薯煎餅

材料：
馬鈴薯1個、培根末2大匙、蒜泥1/2小匙、洋蔥末1大匙

調味：
鹽1小匙、黑胡椒粉1/2小匙

做法：
1. 馬鈴薯去皮切成細絲（不泡水），加入培根末、蒜泥、洋蔥末、鹽、胡椒粉混合拌勻，即為餡料。
2. 平底鍋中加3大匙橄欖油燒熱，倒餡料攤成圓片，改成小火，將馬鈴薯餅兩面煎至金黃。
3. 在馬鈴薯餅上擠些蕃茄醬當笑笑的嘴唇，蜜黑豆當大眼球。

培根南瓜卷

培根捲上小片南瓜，入油鍋中炸熟。

烤雞翅

雞翅入醬油、糖、水的調味料中浸泡入味，入烤箱烤至金黃。

星座愛之味

雙魚座情人

生　　　日：2月19日～3月20日
星座屬性：水象
性格字彙：我給
優　　　點：浪漫、想像力豐富、有藝術氣息
缺　　　點：多愁善感、敏感軟弱、不切實際
幸運食物：海鮮、蕈菇類、豬肉、牛肉、豆腐

　　大部分雙魚座情人喜歡酸鹹口味，由於感情脆弱，「吃」很容易變成逃避現實的方式。過於隨和與猶豫不決，導致雙魚座情人有參加不完的飯局，也成了瘦不下來的主因，建議選擇瑜珈、做家事等比較溫和的方式減肥。

馬鈴薯小檔案

種　　　類：茄科植物
食用部位：塊莖
營養成分：蛋白質、醣類、纖維、礦物質、維生素B$_1$、B$_2$、B$_6$、C和類胡蘿蔔素。

　　很多人不敢吃馬鈴薯，以為會發胖。其實馬鈴薯脂肪含量只有0.1%，並不會令人發胖，但卻很容易有飽足感喔！

黃金蝦仁便當

炒紅飯+蝦仁炒蛋+炸圓球小香腸、燙秋葵

炒紅飯

材料：

肉絲1大匙、白飯1碗、青豆仁1大匙、蕃茄醬2大匙

做法：

1. 起油鍋加2大匙油，入肉絲炒熟，再入米飯拌炒片刻，加入蕃茄醬拌勻。
2. 起鍋前，撒入燙熟的青豆仁。

蝦仁炒蛋

材料：

蛋1個、蝦仁75公克（約2兩）

調味：

鹽1/2小匙

做法：

1. 蝦仁抽去腸泥，由背部劃一刀紋、擦乾水分。
2. 起油鍋，加3大匙油入蝦仁快炒至變色，撈出放涼。
3. 蛋打散，與蝦仁拌勻，倒入鍋中餘油中快炒至汁液凝固，加鹽調味。

炸圓球小香腸、燙秋葵

炸的做法請參考p.89(鑫鑫腸)；燙的做法請參考p.53(花椰菜)。

蕃茄鹽小檔案

在18世紀時，法國人尼古拉・阿貝赫嘗試將蕃茄燜爛，過濾後不加任何鹽、糖等添加物，放入瓶中密封，再連瓶子隔水加熱，發現仍然可以完整保存蕃茄的新鮮風味，因此開啓了後人研發各種蕃茄加工品的創意。

我們今天能吃到各種蕃茄加工製品，可說都是阿貝赫的功勞喔！

叉燒肉便當

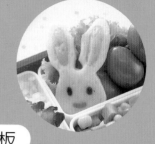

白飯+叉燒肉+滷鵪鶉蛋+三色丁+小白兔魚板

叉燒肉

材料：
梅花肉600公克（約1斤）

醃料：
酒2大匙、醬油半杯、糖4大匙、冷開水
1杯、五香粉1/2小匙、蒜泥1小匙、5號
紅色素1/4小匙

做法：

1. 梅花肉切成三長條，放入綜合醃料中
   浸泡一夜，使之入味。
2. 烤盤上鋪鋁箔紙，排入醃入味的梅花
   肉，以180℃烤約25～30分鐘。

滷鵪鶉蛋

材料：
鵪鶉蛋10顆

調味：
醬油4大匙、糖2大匙、
水1杯

做法：
調味料入小鍋中燒開，
放入鵪鶉蛋以小火滷8分
鐘，熄火浸泡2小時。

三色丁

材料：
冷凍三色蔬菜3大匙、鹽
1/2小匙

做法：
鍋中加油2大匙，倒入冷
凍三色丁拌炒片刻，加
鹽調味。

小白兔魚板

可選購市售現成品。

叉燒肉小檔案

口　　味：略帶甜味，是小朋友的最愛。

搭配方式：適合下飯、帶便當，也是拉
　　　　　麵好搭檔。

建　　議：因為醃肉的過程比較花時
　　　　　間，不妨一次多做些。如果
　　　　　不想花太多時間準備，也可
　　　　　以在燒臘店買現成的喔！

珍珠丸子便當

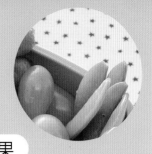

白飯+珍珠丸子+鑫鑫腸+涼拌甜豆+季節水果

珍珠丸子

材料：

絞肉225公克（約6兩）、長糯米3/4杯、荸薺3粒、蝦米1大匙、蔥末、薑末各1/2小匙

調味：

鹽1小匙、鰹魚調味料1小匙、香油1大匙、水3大匙、太白粉1大匙

做法：

1. 糯米泡水1小時以上，瀝乾水分。
2. 荸薺拍碎、蝦米泡軟切末與絞肉、蔥末、薑末、調味料混合拌勻，即為餡料。
3. 左手抓餡料，由虎口擠出圓球，蘸上糯米，排於盤中，入鍋蒸20分鐘，上撒紅蘿蔔末、海苔末。

鑫鑫腸

鑫鑫腸用刀劃刀口，入油鍋中炸至金黃。

涼拌甜豆

甜豆摘去硬筋，入滾水中燙熟，加入少許鹽、香油拌勻。

季節水果

黃色小蕃茄。

糯米小檔案

糯米分為圓糯米和長糯米兩種，它們之間有什麼差別呢？

圓糯米：外型短圓、不透明，有點軟軟黏黏的。通常用來製作湯圓、元宵、麻糬、芝麻球等甜食。

長糯米：外型細長、不透明，也和圓糯米一樣軟黏，但較具彈性。通常用來包粽子、燜油飯等鹹食。

鐵道愛情便當Top 6
No.1池上便當
No.2阿里山奮起湖便當
No.3台鐵便當
No.4福隆便當
No.5頭份便當
No.6鳳林便當

鐵道戀曲

─6道最受歡迎鐵路便當

想念那一年秋天，
和妳坐火車到東海岸旅行。
鐵軌蜿蜒、窗外海天一色、月台上香味四溢的鐵路便當，
還有秋日陽光下，妳那閃閃發亮的烏黑長髮，
至今仍深藏在我的記憶盒子裡。
就像妳我曾經分享的便當，掀蓋，總是一陣撲鼻馨香……

池上便當

白飯+煎肉片+蝦卷+滷蛋、滷豆乾+炒高麗菜+香腸、醃黃蘿蔔、醃嫩薑、辣蘿蔔乾

煎肉片

材料：
大里肌肉2薄片

調味：
醬油4大匙、水4大匙、糖1小匙、太白粉1大匙

做法：
1. 大里肌肉加入調味料醃20分鐘。
2. 入平底鍋中，小火兩面煎黃。

一道愛情便當Top 6
No.1 池上便當

池上位於台灣花東縱谷，東有海岸山脈，西有中央山脈，風光明媚、山明水秀。這裡的水源甘甜無汙染，灌溉出香Q好吃的池上米成為台灣「米中之王」。

遠近馳名的池上便當，以薄木片當做容器，除了兼具口感與質感外，而且充滿濃濃復古風，因而成為池上便當的特色。

蝦卷

材料：
豆腐皮2張、蝦仁150公克（約4兩）、荸薺4顆、洋蔥丁4大匙、魚漿37.5公克（約1兩）

調味：
鹽、胡椒粉各1/2小匙、香油1大匙

做法：
1. 蝦仁抽去腸泥、洗淨、擦乾水分，切成小丁。荸薺拍碎。
2. 荸薺、魚漿、蝦仁丁、洋蔥丁混合，加入調味料拌勻，即為內餡。
3. 豆腐皮切成兩半，每半張包入適量內餡，捲成圓筒狀。
4. 油燒至七分熱入蝦卷，中火炸至金黃色。

滷蛋、滷豆乾各1

做法請參考P.111「阿里山奮起湖便當」。

炒高麗菜

材料：
高麗菜1/4個、紅蘿蔔絲少許

調味：
鹽1/2小匙、鰹魚調味料1/2小匙。

做法：
1. 高麗菜洗淨，用手剝成片狀。
2. 起油鍋，加3大匙油，入高麗菜、紅蘿蔔絲拌炒至軟，加調味料拌勻。

香腸1片、醃黃蘿蔔1片、醃嫩薑少許、辣蘿蔔乾少許

可選購市售現成品。

阿里山奮起湖便當

白飯+滷豬肉、小雞腿+滷蛋、油豆腐
+炒雪裡紅+醃黃蘿蔔、豆枝

滷豬肉、小雞腿、滷蛋、油豆腐

材料：
五花肉300公克（約1/2斤）、小雞腿4
支、蛋4個、油豆腐300公克（約1/2斤）
調味：
醬油1杯、糖4大匙、水4杯、八角1粒
做法：
1.五花肉切大片，入油鍋中煎至微黃。
2.蛋入冷水中，將蛋小火煮熟，取出趁
　熱剝去外殼，即是白煮蛋。
3.將煎微黃的五花肉、白煮蛋、小雞
　腿、油豆腐放入鍋中，加調味料煮
　開，改中　小火滷40分鐘即可。
4.取滷豬肉2片、滷蛋1個、小雞腿1
　支、油豆腐1塊。

炒雪裡紅

材料：
雪裡紅150公克（約4
兩）、辣椒1支
調味：
鹽少許
做法：
1.雪裡紅洗淨，去除硬
　梗老菜，擠乾水分，
　切成細末。辣椒切小
　圈圈狀。
2.起油鍋，加2大匙油，
　炒香辣椒，入雪裡紅
　炒透，加少許鹽調
　味。

醃黃蘿蔔1片、豆枝適量

可選購市售現成品。

　　阿里山小火車呈螺旋環繞及Z字形爬升，是世界僅存的三大登
山鐵路之一。位於鐵路中點的奮起湖，海拔約 1,400公尺，遊客多
半會在這裡休息、買便當，因而有「便當王國」之稱。
　　原已停售十幾年的阿里山奮起湖鐵路便當，近來重新熱賣，
不過，它最原始的包裝是鋁盒，現在則改為不鏽鋼盒。

美味的台鐵便當菜飯做法：

台鐵便當菜飯是以豬油、切碎青江菜、油蔥、香油、蝦米一起煮，烹調中需另外淋上排骨湯，除了煮、蒸、烤，還要拌，過程相當花功夫，為方便讀者，因此本書以淋上滷過炸排骨湯汁的白飯代替。

台鐵排骨菜飯便當

白飯+大排骨+滷蛋、酸菜、醬瓜

大排骨

材料：
大排骨2片、酸菜300公克（約1/2斤）、大蒜末1大匙

調味：
A.醬油4大匙、糖1大匙、五香粉1/4小匙、水4大匙、太白粉1大匙
B.醬油1/2杯、水2杯、糖2大匙

做法：
1. 大排骨用肉錘兩面拍鬆，加入A拌醃1小時，入油鍋中，以中火炸至微黃。
2. 酸菜切絲泡水5分鐘，與炸過的大排骨、蒜末放入鍋中，加B煮滾，再改中小火燜煮20分鐘（白飯入盒後，可先淋上些許滷汁再盛裝主菜、配菜）。

滷蛋1個

做法請參考P.111「阿里山奮起湖便當」。

酸菜適量、醬瓜少許

酸菜做法請參考P.113「福隆便當」。

鐵道愛情便當Top 6
No.3 台鐵便當

民國三十八年，台灣鐵路局正式成立餐旅服務所，開始在火車內供應便當。初期供應的是一般的菜飯便當，之後改成獨家特製、令旅客齒頰留香的排骨菜飯便當。如今的「台鐵懷舊便當」，不但在國內引起一陣搶購風潮，甚至還紅到東瀛去囉！

五花肉1肥1瘦

滷蛋、滷豆乾、
香腸片各1

五花肉及滷菜做法請參
考P.111「阿里山奮起湖
便當」。

高麗菜炒紅蘿蔔
絲、脆菜脯適量

酸菜適量

材料：

酸菜150公克（約4兩）、
薑絲1大匙

調味：

醬油2大匙、糖1大匙

做法：

起油鍋，加4大匙油、放
薑絲炒香，再入酸菜絲拌
炒片刻，加調味料拌勻。

No.4 福隆便當

　　福隆位於雙溪河口，是東北角海岸
風景特定區的中心點，這裡地形起伏有
致，在河水和大海的交互作用下，形成
獨特的「沙嘴地形」，將福隆外海和雙
溪河內河區分開來，前者驚濤駭浪，後
者波濤不興，形成特殊景觀。

　　福隆便當採鋁箔紙盒包裝，菜色可
口豐盛，物美價廉。坐在火車上，一邊
欣賞車窗外龜山島和海浪撲向岩岸的畫
面，一邊品嘗便當，也是一種幸福喲！

白飯+五花肉+滷蛋、滷豆乾、
香腸片+高麗菜炒紅蘿蔔絲、
脆菜脯+酸菜

福隆便當

頭份在苗栗縣西北部，介於三灣、造橋、竹南和新竹縣的峨眉、寶山之間，境內屬中港溪流域，是苗栗縣十八鄉鎮市當中人口最多的第一大鎮。

頭份便當是以醃過里肌肉的滷汁，拿來滷油豆腐和滷蛋；以炸完里肌肉的油，拿來炒酸菜，所以炒出的酸菜帶有豬排香。

頭份車站懷念便當

白飯+豬排+酸菜

豬排

材料：
上選里肌肉2片

調味：
醬油4大匙、糖1大匙、五香粉1小匙、蒜泥1/2小匙、水4大匙、太白粉1大匙

做法：
1. 里肌肉兩面用肉錘拍鬆，加入調味料醃2小時入味。
2. 油燒至六分熱，入大排骨、中小火炸至金黃，起鍋前改大火，立刻撈出。
※炸排骨或雞腿不可用大火，否則蛋白質遇高溫立刻收縮，肉質變硬，就不可口了。

滷蛋、油豆腐各1

做法請參考P.111「阿里山奮起湖便當」。

酸菜適量

做法請參考P.113「福隆便當」。

醃黃蘿蔔1片

可選購市售現成品。

紅燒肉、白煮肉各1片

紅燒肉做法請參考P.45「焢肉便當」，白煮肉則是以五花肉白煮而成。

滷蛋、滷豆乾各1個

做法請參考P.111「阿里山奮起湖便當」。

炒高麗菜適量

做法請參考P.109「池上便當」。

鐵道愛情便當Top 6

No.6 鳳林便當

是花蓮縣三大重鎮之一，東側為海岸山脈，西面是中央山脈，南以馬太鞍溪為界，北臨支亞干溪，三面環山，中間為鳳林溪沖流所形成的平緩沖積河谷。

鳳林以剝皮辣椒著名，本站的鐵路便當和福隆便當一樣，都是以鋁箔紙盒為包裝。

白飯+紅燒肉、白煮肉+滷蛋、滷豆乾+炒高麗菜、辣蘿蔔乾

鳳林便當

便當菜創意組合索引

50種主菜、70道配菜，
教你愛情御便當的50x70種創意，體驗便當愛情魔法新魅力！

別忘了，
享受美食
也要注意營養均衡喔！
P.S. I Love U

情人便當組合步驟：

Step 1
選1道
主菜

Step 2
選1道
主食

Step 3
選1～3道
配菜

Step 4
選個漂亮的
便當盒

Step 5
情人便當
組合完成

主菜

Index 》》 按索引挑選想吃的菜，就算做一桌家常菜也方便喔！

國家圖書館出版品預行編目資料

訂做情人便當──愛情御便當的50x70種創意
／林美慧 著. 一初版.一台北市：
朱雀文化，2004〔民93〕
　　　面；　公分. 一（COOK50系列；49）
ISBN 986-7544-18-8（平裝）

1. 食譜

427.1

COOK500049

訂做情人便當

──愛情御便當的50x70種創意

作　　者	林美慧
攝　　影	徐博宇
美術編輯	曾一凡
文　　案	劉庭瑄
文字編輯	劉大紋
烹飪助理	王淑萍
企畫統籌	李　橘
發 行 人	莫少閒
出 版 者	朱雀文化事業有限公司
地　　址	北市基隆路二段13-1號3樓
電　　話	02-2345-3868
傳　　真	02-2345-3828
劃撥帳號	19234566 朱雀文化事業有限公司
e-mail	redbook@ms26.hinet.net
網　　址	http://redbook.com.tw
總 經 銷	展智文化事業股份有限公司
I S B N	986-7544-18-8
初版一刷	2004.09
定　　價	280元
出版登記	北市業字第1403號

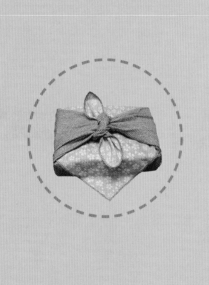